BEI GRIN MACHT SICH IHR WISSEN BEZAHLT

- Wir veröffentlichen Ihre Hausarbeit,
  Bachelor- und Masterarbeit

- Ihr eigenes eBook und Buch -
  weltweit in allen wichtigen Shops

- Verdienen Sie an jedem Verkauf

Jetzt bei www.GRIN.com hochladen
und kostenlos publizieren

Martin Steger

Außertropische Naturgefahren durch Windaktivität

Kategorisierung und Charakteristik, Gefahrenpotential, spezielle Auswirkungen durch Staubstürme, Präventionsforschung und -maßnahmen, besondere historische Ereignisse

GRIN Verlag

Bibliografische Information der Deutschen Nationalbibliothek:

Die Deutsche Bibliothek verzeichnet diese Publikation in der Deutschen National-
bibliografie; detaillierte bibliografische Daten sind im Internet über http://dnb.d-
nb.de/ abrufbar.

Impressum:

Copyright © 2010 GRIN Verlag GmbH
Druck und Bindung: Books on Demand GmbH, Norderstedt Germany
ISBN: 978-3-656-27433-9

Dieses Buch bei GRIN:

http://www.grin.com/de/e-book/201475/aussertropische-naturgefahren-durch-
windaktivitaet

Ludwig–Maximilians–Universität München

Department für Geographie

Wintersemester 2010/11

Hauptseminar „Naturgefahren"

Außertropische Naturgefahren durch Windaktivität:

Kategorisierung und Charakteristik, Gefahrenpotential, spezielle
Auswirkungen durch Staubstürme, Präventionsforschung und
-maßnahmen, besondere historische Ereignisse

Martin Steger

Englisch / Erdkunde La Gym.

8

Inhalt

1. <u>Einführung</u>

Atmosphärische Gefahren haben das Leben der Menschen auf der Erde schon immer stark beeinflusst. Über die letzten 20 Jahre jedoch haben die Intensität und die Häufigkeit von katastrophalen Naturereignissen stark zugenommen. Diese Zunahme wurde in den Statusberichten des *Intergovernmental Panel on Climate Change* von 2001 und 2007 in direkten Zusammenhang mit der voranschreitenden Klimaerwärmung gebracht (WEISCHET und ENDLICHER 2008: 295).

Obwohl der endgültige wissenschaftliche Beweis für diese These noch aussteht, konnte über die letzten vier Dekaden festgestellt werden, dass „die Häufigkeit großer Naturkatastrophe auf das Dreifache, die volkswirtschaftlichen Schäden – schon Inflationsbereinigt - auf das 8-fache und die versicherten Schäden sogar auf das 15-fache gestiegen (BERZ 2002: 9)" sind.

Ursachen hierfür können unter Anderem in der Besiedlung von exponierten Lagen, wie Küstenregionen, sowie der bereits erwähnten Zunahme an Intensität und Häufigkeit von Naturkatastrophen, als auch dem Ansteigen der versicherten Werte gefunden werden (GEIPEL 1992: 198).

Da mehr als 66% Prozent der durch Naturkatastrophen verursachten Schäden auf atmosphärische Ereignisse, wie Stürme, zurückgehen, soll sich diese Arbeit mit den Gefahren durch außertropische Windaktivität beschäftigen (BERZ 2002: 9).

Bevor nun aber über das Gefahrenpotential, die speziellen Auswirkungen von Staubstürmen, die Präventionsforschung und – maßnahmen sowie besondere Historische Ereignisse gesprochen werden kann, sollte eine Charakterisierung und Kategorisierung von Starkwindereignissen vorgenommen werden.

2. <u>Kategorisierung und Charakterisierung</u>

Zunächst müssen Sturmereignisse in inner- und außertropische Stürme gegliedert werden, wobei lediglich auf letztere in dieser Arbeit eingegangen werden soll. Hierbei handelt es sich vornehmlich um außertropische Wirbelstürme, meist Winterstürme oder Orkane genannt, die eine Bedrohung für die Menschen darstellen können. Orkane sind Tiefdruckgebiete die äußerst hohe Windgeschwindigkeiten erreichen. Sie entstehen über Europa an der Grenzfläche, der Polarfront, zwischen südlichen Azorenhochs und nördlichen Islandtiefs (SCHNEIDER 1980: 244). Bei etwa 50 – 60 Grad nördlicher Breite erreicht der Temperatur- und somit der Luftdruckgradient zwischen nördlicher Kalt- und südlicher Warmluft die höchsten Werte (DIKAU und WEICHSELGARTNER 2005: 36) wodurch ein Tiefdruckgebiet mit extrem niedrigem Kerndruck entsteht (ENDLICHER 2007: 235). Diese Tiefs werden dann nach Osten verfrachtet und können Streckengeschwindigkeiten von bis zu 1000km/Tag erreichen (GEIPEL 1992: 199). Abgesehen von Orkanen sind es Hagel- und Schneestürme sowie auch Tornados die außerhalb der Tropen vorkommen und Gefahren mit sich bringen (SCHNEIDER 1980: 257).

Um die Stärke des Windes bestimmen zu können entwickelte der spätere englische Admiral Francis Beaufort im Jahre 1805 eine, in Abbildung 2 zu sehende, Skala mit deren Hilfe die Windstärke, unter Zuhilfenahme des Verhaltens der Segel eines Schiffes, geschätzt werden konnte. Obwohl die Beaufort-Skala 1874 vom internationalen Komitee für Meteorologie als Standard festgesetzt wurde, wurde sie heute weitgehend durch präzisere Angaben wie Meter pro Sekunde oder Knoten ersetzt. Dennoch bietet sie eine nützliche Möglichkeit für die Charakterisierung von Starkwindereignissen, besonders da sie Beispiele für die Auswirkungen des Windes im Binnenland gibt (BRITANNICA 2010).

Beau-fort-grad	Bezeichnung	Mittlere Windgeschwindigkeit in 10 m Höhe über freiem Gelände		Beispiele für die Auswirkungen des Windes im Binnenland
		km/h	m/s	
0	Windstille	< 1	0 – 0,2	Rauch steigt senkrecht auf
1	leichter Zug	1 – 5	0,3 – 1,4	Windrichtung angezeigt durch den Zug des Rauches
2	leichte Brise	6 – 12	1,5 – 3,4	Wind im Gesicht spürbar, Blätter und Windfahnen bewegen sich
3	schwache Brise schwacher Wind	13 – 19	3,5 – 5,4	Wind bewegt dünne Zweige
4	mäßige Brise mäßiger Wind	20 – 27	5,5 – 7,4	Wind bewegt dünne Äste, Staub und loses Papier werden gehoben
5	frische Brise frischer Wind	28 – 37	7,5 – 10,4	kleine Laubbäume beginnen zu schwanken, auf See bilden sich Schaumkronen
6	starker Wind	38 – 48	10,5 – 13,4	starke Äste schwanken, Regenschirme sind schwer zu halten, Telegrafenleitungen pfeifen im Wind
7	steifer Wind	49 – 62	13,5 – 17,4	fühlbare Hemmungen beim Gehen gegen den Wind, Bäume bewegen sich
8	stürmischer Wind	63 – 73	17,5 – 20,4	Zweige brechen an Bäumen, erheblich schwereres Gehen
9	Sturm	74 – 87	20,5 – 24,4	Äste brechen an Bäumen, kleinereSchäden an Häusern, Dachziegel und Rauchhauben werden gelöst
10	schwerer Sturm	88 – 102	24,5 – 28,4	Wind bricht Bäume, größere Schäden an Häusern
11	orkanartiger Sturm	103 – 117	28,5 – 32,4	Wind entwurzelt Bäume, verbreitete Sturmschäden
12	Orkan	≥ 118	≥ 32,5	schwere Verwüstungen, Umwerfen von Bäumen und leichteren Gebäuden, schwere Sturmschäden an Gebäuden

Abbildung 1:Beaufort-Skala

(DIKAU und WEICHSELGARTNER 2005: 37)

Sturm kann also als „ein Starkwindereignis mit Windgeschwindigkeiten von über etwa 15 m/s (Beaufortstärke 8)" das „eine Fläche von mehr als 1 km^2 und eine Zeit von mehr als einigen Minuten umfassen soll (ROTH et al. 1993: 518)" definiert werden. Von Orkanen dagegen spricht man ab einer Windgeschwindigkeit von 118km/h oder 12 Beaufort (DIEKAU und WEICHSELGARTNER 2005: 37). Da bereits bei um die 60 km/h Windgeschwindigkeit die ersten Schadenwirkungen auftreten können, muss selbstverständlich auch über das Gefahrenpotential von Starkwindereignissen gesprochen werden (GEIPEL 1992: 199).

3. <u>Gefahrenpotential</u>

Das Gefahrenpotential von Stürmen entsteht grundsätzlich aus der Übertragung von kinetischer Energie. Hierbei wird die Energie des Windes auf Gegenstände oder Lebewesen abgegeben (ROTH 1993: 517). So können Orkane oder außertropische Tornados Bäume entwurzelt und Stromkabel, Autos oder Gebäude zerstören. Ist der Wind stark genug können sogar Autos umgestürzt und herumliegende Glasscherben zu tödlichen geschossen werden. Dabei können Personen verletzt oder gar getötet werden (ENDLICHER 2007: 234).

Besonders gefährlich ist jedoch meist nicht der anhaltende und gleichbleibende Starkwind, sondern die Böigkeit, bei der die Durchschnittsgeschwindigkeit des Sturmes um ein mehrfaches übertroffen werden kann. Da dies auf im Verhältnis kleinen zeitlichen Skalen, nämlich im Sekundenbereich, stattfindet, sind die Zerstörungskraft und die daraus resultierenden Schäden besonders hoch (DIKAU und WEICHSELGARTNER 2005: 37). Diese Spitzenböen können, wie im Falle des Orkans Lothar Höchstgeschwindigkeiten von um die150km/h über dem Land und in höheren Lagen über 200km/h erreichen (DWD 2000 II: 2-3).

Doch nicht nur die eigentliche Kraft des Windes und seine endogenen Folgen, sondern auch exogen durch sie verursachte Gefahren sind nennenswert. Das jüngste Beispiel in Russland hat gezeigt, wie viel Einfluss Windaktivität auf die Ausbreitung und Bekämpfung von Waldbränden hat. Zum einen kann Wind bereits gelöscht geglaubte Gebiete wieder zu neuem Feuer entfachen und somit eventuell Feuerwehrleute einschließen, zum Anderen ist die Feuerbekämpfung extrem erschwert da durch einen Wechsel der Windrichtung auch die Ausbreitungsrichtung der Flammen gesteuert wird. Auch die Entstehung von neuen Brandherden durch Flugfeuer, durch vom Wind verfrachtete brennendePflanzenteile, stellt eine Bedrohung für die Löschkräfte dar (BEZIRKSFEUERWEHRVERBAND OBERBAYERN 2010). Wie auch bei den noch folgenden Gefahren durch Staubtransport in der Luft ist die Windaktivität hier nur der Mittler der eigentlichen Gefahr, die allerdings erst durch das Mitwirken des Windes entsteht oder durch sie verstärkt wird.

Ein weiteres Beispiel für das Gefahrenpotential kann der unter 4. noch behandelte Staubtransport in der Luft sein oder das Zusammenspiel aus Windaktivität und Flut wie es am Beispiel der Hamburger Sturmflut von 1962 unter Punkt 6.3. gesehen werden kann (GEIPEL 1992: 210). Abbildung 2 zeigt das Gefahrenpotential, die Häufigkeit und Intensität für drei der eben genannten Ereignisse; Winterstürme, Tornados und Hagelstürme.

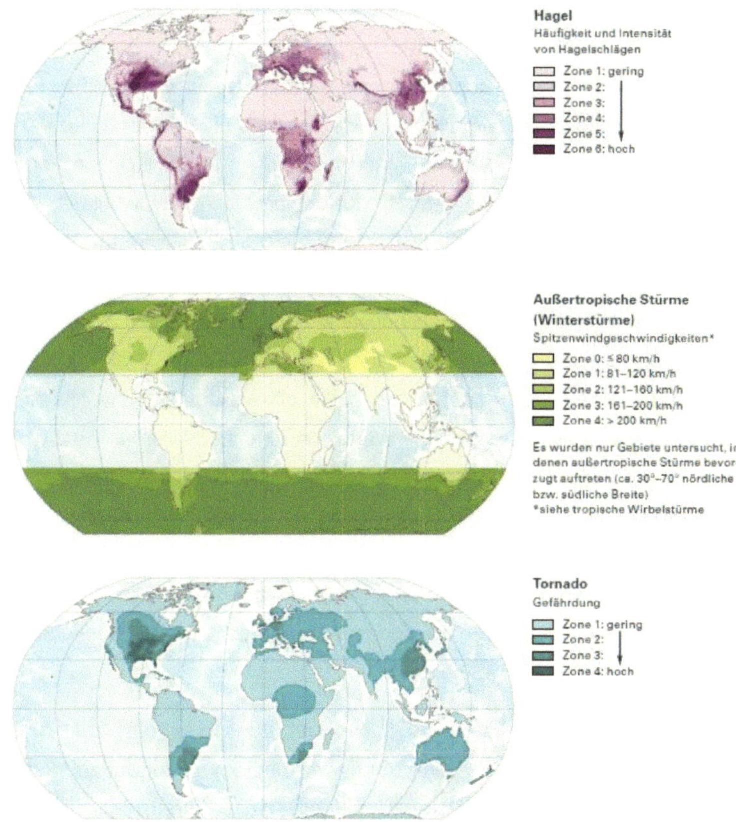

Abbildung 2: Regionale Auftretenswahrscheinlichkeit und Intensität von Tornados, Hagel und Winterstürmen

(MUNICH RE I 2009)

4. <u>Spezielle Auswirkungen von Staubstürmen</u>

Wie eben erwähnt zählen auch Staubstürme zu den Gefahren die Windaktivitäten mit sich bringen. Transportierte Aerosole, wie Sand, Staub oder Vulkanasche können in der Luft in bestimmten Konstellationen als Kondensations- oder Gefrierkerne für Hagel dienen. Da Wassermoleküle in der Luft ohne Kondensationskern erst bei Temperaturen von -40°C Eiskristalle bilden, dies aber mit Kondensationskern bereits bei -8°C möglich ist, tragen aufgewirbelte oder über größere Strecken transportierte Staubpartikel stark zur Entstehung von Hagel bei. Eine wichtige Voraussetzung für das Wachstum von Hagelkörnern sind starke Aufwinde mit proportional zur Korngröße steigenden Geschwindigkeiten. Diese Windgeschwindigkeit errechnet sich aus der Quadratwurzel des Durchmessers und gibt gleichzeitig die zu erwartende Aufprallgeschwindigkeit an. „Ein 1-cm-Korn entwickelt etwa 50km/h, ein 5-cm-Korn etwa 110km/h (GEIPEL 1992: 210)". Gefahren für Menschen ergeben sich durch Hagel im Normalfall nicht, allerdings können Hagelkörner, wie 1984 in München auch Durchmesser von bis zu 10 cm erreichen und somit sehr wohl tödlich sein (GEIPEL 1992: 210). Der Münchener Hagelsturm im Sommer 1984 gilt als der teuerste Hagelsturm Deutschlands. Alleine versicherte Werte von rund 1,5 Milliarden Euro wurden am 12. Juli beschädigt oder zerstört (ENDLICHER 2008: 234). Besonders die Versicherungs- und die Landwirtschaft haben Interesse daran Gewitterwolken rechtzeitig durch die künstliche Zufuhr von Kondensationskörpern zum Abregnen zu bringen, um so Schäden an Gebäuden, Autos und ganz besonders landwirtschaftlichen Sonderkulturen zu vermeiden (GEIPEL 1992: 210).

Ein weiteres Problem vom in der Luft transportiertem Material stellt Vulkanasche dar. Diese Asche kann, wie die des isländischen Vulkanes Eyjafjallajökull, zu Behinderungen im Flugverkehr führen, oder sogar das Wetter Erde beeinflussen (ARD 2010). „Langlebige vulkanische Aerosolwolken in der Stratosphäre können zudem weltweit Klimaabkühlungen hervorrufen und zu ein bis zwei Jahre andauernden globalen Temperaturabsenkungen um 1 bis 2°C führen (SCHELLMANN 2007: 269)."

Um Schäden durch Hagel und Sturm generell so gering wie möglich zu halten sind die Präventionsforschung und Präventionsmaßnahmen von Nöten.

5. <u>Präventionsforschung und –maßnahmen</u>

Auf dem Gebiet der Präventionsforschung spielt für Deutschland der *DWD* die zentrale Rolle. Obwohl durch stetige Forschung eine 6-Tages-Vorhersage von Starkwindereignissen ebenso zuverlässig ist, wie etwa 1968 noch eine 1-Tages-Vorhersage, handelt es sich hierbei nur um Wahrscheinlichkeiten für das Eintreffen eines Ereignisses (DWD III 2010). Allerdings können auf Grund der Forschungserfolge der letzten Jahrzehnte Vorhersagen über großflächige Ereignisse, wie einen Orkan über Norddeutschland, mit hoher Eintreffwahrscheinlichkeit, wie bereits schon erwähnt, mehrere Tage im Voraus gemacht werden. Lokale, kleinflächige Ereignisse jedoch, wie beispielsweise ein Gewittersturm über Hamburg, können oft erst kurz vor ihrem eintreten vorhergesagt werden. Um diese Vorhersagen zu optimieren kennt der *DWD* drei Stufen der Vorwarnung. In der ersten Stufe werden eine Woche im Voraus langfristige vorhersagen anhand von Großwetterlagen gemacht. Unwetterereignisse werden hier deutschlandweit ebenfalls in drei Stufen gegliedert: „möglich" „wahrscheinlich" und „sehr wahrscheinlich". In der zweiten Stufe werden vier Mal pro Tag für jedes Bundesland eventuelle Unwetterwarnungen herausgegeben um die betroffenen Behörden vor zu warnen. In der dritten Stufe werden spezifische Warnungen an die betroffenen Landkreise herausgegeben. Dies geschieht meist erst sehrt kurz vor dem Eintreten des Ereignisses, um die Trefferquote zu optimieren (DWD *III 2010*).

Um die Auswirkungen von Stürmen möglichst gering zu halten empfiehlt die *Munich Re* langfristig zu denken und beispielsweise Gebäude schon beim Bau sturmfest zu machen. Besonders Dächer müssen sind meist von

Sturmschäden betroffen. Dies liegt zum einen daran, dass die Windgeschwindigkeit mit der Höhe zu nimmt und damit, dass diese wegen ihrer schweren Erreichbarkeit oft nur mangelhaft in Stand gehalten werden (MUNICH RE III 2010). Desweiteren sollten Autos in Garagen untergestellt werden und Menschen sollten in ihren Häusern bleiben, da die meisten Todesfälle während eines Sturms von herabfallenden Trümmern oder durch die Luft gewirbelten Gegenständen herrühren (DIKAU und WEISELGARTNER 2005: 39).

Abgesehen von den eben genannten Präventionsmaßnahmen ist das *Single-Voice-Prinzip* von zentraler Bedeutung. Hierbei werden die Informationen zentral von einer Stelle ausgewertet und auf Bedrohungen überprüft. Diese Informationen müssen dann ohne Irritation der Öffentlichkeit an die betroffenen Stellen gelangen um dort Maßnahmen zu treffen (DWD III 2010). Desweiteren können bei bestimmten Ereignissen, wie Hagel, ganz spezifische Gegenmaßnahmen ergriffen werden.

Wie in 4. bereits angesprochen haben besonders Versicherungsgesellschaften und Landwirte ein gesteigertes Interesse daran Hagelstürme erst gar nicht entstehen zu lassen. Besonders Landwirtschaftliche Sonderkulturen, wie Weinanbaugebiete, Hopfenanlagen oder Obstplantagen, nutzen Hagelkanonen um Ihre Ernten zu schützen. Hierbei werden Raketen mit künstlichen Kondensationskernen, meist Silberjodid, in Gewitterwolken geschossen um dies „zu impfen (ENDLICHER 2007: 234)." Durch dieses einbringen von Gefrierkernen, sollen die Gewitterwolken zum Ausregnen bewogen werden, noch bevor sich Hagelkörnen bilden können. Doch auch über die Kulturen gespannte Netze können ein wirksamer und wesentlich billigerer Schutz vor Hageleinfluss sein (ENDLICHER 2007: 234).

6. <u>Besondere historische Ereignisse</u>

Aus jüngerer historischer Sicht besonders Interessant für Deutschland und Europa sind die Orkane der Jahre 1999 und 2007. In diesen beiden Jahren meldete der *DWD* vier größere Orkane, Anathol Anfang und Lothar Ende Dezember 1999 sowie Kyrill im Januar und Thilo im November 2007, wovon der Orkan Lothar genauer bertachtet werden soll. An den Daten eindeutig zu erkennen ist, dass es sich bei den hier genannten Orkanen um die in 2. bereits behandelten Winterstürme handelt. Desweiterten sind die Hamburger Sturmflut, der bereits beschriebene Hagelsturm von München und der Pforzheimer Tornado historisch Bedeutend.

6.1. <u>Der Orkan Lothar und seine Auswirkungen</u>

Am 26. Dezember 1999 fegte Orkan Lothar über einen großen Teil Europas hinweg, hauptsächlich aber über Frankreich, Luxemburg und Mitteldeutschland (DWD I 2000: 1). Abbildung 3 zeigt diesen Verlauf und die Position des Orkans durch Europa zu jeder vollen Stunde, beginnend um 04:00Uhr, sowie den jeweiligen Kerndruck des Orkans.

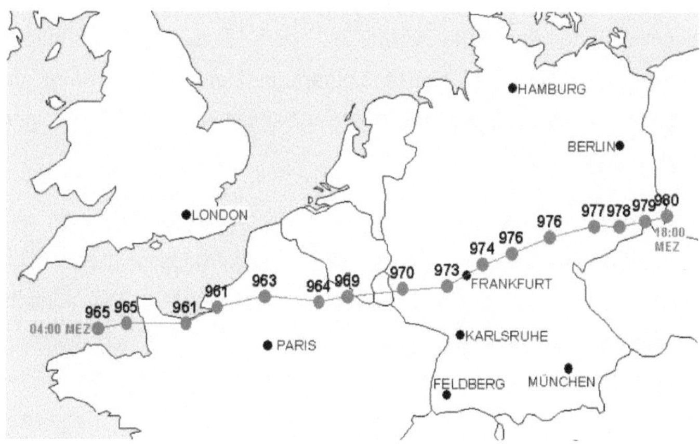

Abbildung 3: Verlauf des Orkans Lothar mit Angabe des jeweiligen Kerndruckes

(DWD I 2000)

Zur Entstehung Lothars trugen maßgeblich zwei Faktoren bei. Zum Einen ein ausgeprägtes Tiefdruckgebiet, schwerpunktmäßig über Island, welches stetig mit polarer Kaltluft versorgt wurde. Zum Anderen die Ausläufer eines starken Azorenhochs welche nach Norden drangen und dort durch das Aufeinandertreffen von Kalt- und Warmluft eine langgezogene Frontalzone bildeten (Odenthal 2002: 27). Die stärksten Windgeschwindigkeiten wurden hinter der Okklusionsfront, welche sich durch Europa zog, an der Südseite des Orkans über Frankreich, der Schweiz und Süddeutschland gemessen.

Die im Rheintal an der Station Karlsruhe gemessene Durchschnittswindgeschwindigkeit belief sich auf etwa 90km/h, das entspricht einer Windstärke von 10 Beaufort oder 25m/s. Gegen 13:00Uhr wurden sogar Böen mit einer Spitze von 151km/h gemessen welche durch ihre Intensität und durch ihr plötzliches Auftreten besonders gravierende Schäden anrichteten. Im Gegensatz dazu wurden auf den umliegenden Bergen Mittelgeschwindigkeiten von 130km/h und Spitzenwerten von 212km/h gemessen, welche die Daten aus dem Flachland deutlich übertrafen. Sowohl im Flachland als auch in den Bergen brachen die Spitzenwerte die bisherigen Rekorde von 115km/h und 205km/h aus den Jahren 1984 und 1967. In Bayern, am Flughafen München, maß man zwei Stunden später Mittelwerte von etwa 80km/h welches die leichte Abschwächung der Sturmwirbel mit dem Tagesverlauf andeutet. Das absolute Maximum des Orkan Lothars in Deutschland wurde um circa 14:00Uhr auf dem Gipfel des Wendelsteins mit etwa 259km/h gemessen (DWD II 2000: 1-2).

Alleine durch Lothar entstanden 1999 rund 2,4 Millionen verbuchte Einzelschäden, welche gemeldete Versicherungsschäden mit einem Volumen von rund 5,9 Milliarden Euro hervorriefen. Die wirtschaftliche Dunkelziffer, von nicht gemeldeten Schäden dürfte jedoch weitaus großer sein (ENDLICHER 2007: 235).

Sowohl aus wirtschaftlicher als auch aus ökologischer Sicht wurde die Forstwirtschaft durch den Orkan besonders stark in Mitleidenschaft gezogen. Laut dem *Ministerium für ländlichen Raum, Ernährung und*

Verbraucherschutz Baden–Württemberg wurden europaweit rund 190 Millionen Kubikmeter Wald durch den Orkan Lothar zerstört (FORST BW 2009: 5). In Frankreich alleine waren es 138 Millionen m^3 (BAYERISHE FORSTVERWALTUNG 2000), während es in Baden-Württemberg etwa 30 Millionen m^3 waren, was etwa der vierfachen Menge des regulären Jahreseinschlages entspricht. Hier entstanden circa 40.000 Hektar Kahlfläche, was nahezu 3% der Landesfläche entspricht und mit 56.000 Fußballfeldern gleich zu setzen ist (FORST BW 2009: 5). Abbildungen 4, 5 und 6 zeigen einen der betroffenen Waldstriche in Baden-Württemberg bei Ohlsbach vor und nach dem Sturm sowie den selben Ausschnitt 10 Jahre später.

Abbildung 4: Ohlsbach vor Orkan Lothar

(FORST BW 2009: 11)

Abbildung 5: Ohlsbach nach Lothar

(FORST BW 2009: 11)

Abbildung 6: Ohlsbach 10 Jahre nach dem Orkan

(FORST BW 2009: 11)

Doch auch nach dem Orkan hatten sein Auftreten weitere Auswirkungen auf die Wirtschaft und Umwelt der betroffenen Regionen. Um die Gebiete möglichst wieder schnell aufforsten zu können mussten zunächst die Schadhölzer entfernt werden. Dafür arbeiteten rund 5.600 Waldarbeiter, wovon etwa 1.000 aus anderen Bundesländern angefordert wurden, 18 Monate lang (FORST BW 2009: 19). Auf Grund der enormen Menge an gefällten Bäumen wurde im Jahr 2000 mit 17,8 Millionen m^3 Holz circa die doppelte Menge an Holz verkauft wie in durchschnittlichen Jahren. Dies schlug sich selbstverständlich auf den Holzpreis nieder. Gegenüber dem Vorjahr sank der Preis für Kiefernholz um 30% und für Fichtenholz gar um 45%. Wegen dieses straken Überangebotes und dem damit verbundenen Preisverfall wurden große Quantitäten an Holz in sogenannten Nasslagern aufbewahrt um den Markt nicht vollständig zu fluten (FORST BW 2009: 22). Da sich die Räumungsarbeiten in den Wäldern wie schon erwähnt über 18 Monate hin zogen und somit geschwächte und gefällte Bäume lange Zeit im Wald befanden, konnten die Borkenkäferpopulation stark zunehmen wodurch das Ökosystem zusätzlich gefährdet wurde (FORST BW 2009: 26).

Abgesehen von den wirtschaftlichen und ökologischen Schäden mussten europaweit etwa 50 Menschenleben beklagt werden. Diese Zahl bezieht sich allerdings lediglich auf die direkt während des Sturmes getöteten Menschen (FORST BW 2009). In Deutschland starben 12 Menschen und 14 in der Schweiz. Doch auch in den nachfolgenden Monaten kamen bei Aufräumarbeiten weitere Menschen ums Leben. In der Schweiz beispielsweise starben bei Waldarbeiten weitere 15 Personen, so, dass die Vermutung nahe liegt, dass die letztendliche Zahl der Todesopfer wohl weit über 50 Menschen liegt (MÜLLER et al. 2009). Die *Munich Re* listet den Orkan Lothar, unter neun Hurrikans, als das Zehntschlimmsten Starkwindereignis zwischen 1980 und 2010 und spricht hierbei sogar von insgesamt 110 Todesopfern (MUNICH RE IV 2010: 1).

6.2. <u>Die Hamburger Sturmflut von 1962</u>

Ein weiteres interessantes Ereignis ist war die Sturmflut von 1962 in Hamburg. Obwohl das Seewetteramt am 16. Februar 1962 frühzeitig eine Orkanwarnung heraus gab und das Deutsche Hydrographische Institut rechtzeitig vor einer „sehr schweren Sturmflutmit einem Wasserstand 2m über dem Mittleren Tidehochwasser (GEIPEL 1992: 221)" warnte, kamen in Folge der Sturmflut 312 Menschen ums Leben und es entstand ein Sachschaden von rund 600 Millionen DM (GEIPEL 1992: 221-222). Ausgangspunkt für die Hamburger Sturmflut war der Orkan Vincinette über der Deutschen Bucht. Bei der Hamburger Sturmflut handelte es sich um den Stautyp einer Sturmflut. Der Stautyp, im Gegensatz zum Zikulartyp, drängt die Wassermassen der Nordsee auf Grund seiner lang anhaltenden Dauer und auflandigen Windrichtung auf die Küste zu und erhöht somit den Wasserstand. In Hamburg pressten die über mehr als 45 Stunden andauernden Windgeschwindigkeiten von mehr als 6 Bft. und bis zu 12 Bft. in die Elbmündung und brachten die Deiche zum brechen (ROSENHAGEN 2007: 82). Seit der Sturmflut 1825 hatte es in der Hansestadt keine vergleichbare Flut mehr gegeben, was über die Jahre zu Nachlässigkeit und geringem Risikobewusstsein führte. So wurde wenige Jahre vor der katastrophalen Flut gegen eine Erhöhung der Deiche prozessiert und durch Gebäude hinter den Deichen risikobereiter gebaut. (GEIPEL 1992: 221) Rund 8000 Menschen mussten von den 130 Hubschraubern und 6000 Soldaten der Bundeswehr und der NATO-Streitkräfte in Sicherheit gebracht werden. Etwa 2000 davon wurden von, wie die Abbildungen 7 und 8 zu sehenden, inselhaft aus dem Wasser ragenden Hausdächern in Finkenwerder und Wilhelmsburg gerettet. Insgesamt überflutete die Nordsee circa 20% der Hamburger Stadtfläche und machte zehntausende Obdachlos (GEIPEL 1992: 222 – 223).

Abbildung 7: Rettung Hamburger Bürger

(SPIEGEL 2010)

Abbildung 8: Luftaufnahme des überschwemmten Hamburg-Wilhelmsburg

(SPIEGEL 2010)

6.3. <u>Der Pforzheimer Tornado von 1968</u>

Am 10. Juli 1968 fegte ein Tornado auf einer 125km langen Bahn über
Teile Frankreichs, den Rheingraben und hauptsächlich über Pforzheim weg
und verursachte einen Schaden von etwa 50 Millionen DM, 35 Millionen
davon in Pforzheim. Auf Grund der angerichteten Schäden schließt man auf
eine Spitzen Geschwindigkeit von über 80 m/s. Im Oberrheingraben lagen
die Temperaturen an diesem Tag bei etwa 30°C bei einer relativen
Luftfeuchte von 96%. Ein Sommergewitter mit Niederschlägen führte zu einer
raschen Abkühlung der höher gelegenen Luftmassen, was zu einer feucht-
labilen Schichtung der Atmosphäre führte (SCHNEIDER 1980: 272). Durch
die im Inneren der Walze entstehenden Fliehkräfte sank der Luftdruck in
Pforzheim von 1008mb auf 981mb als der Tornado durch die Stadt zog und
stieg dann wieder rapide auf den Ursprungswert (SCHNEIDER 1980: 272). In
der Tornado-Datenbank für Deutschland werden jährlich etwa 20-30
Tornados über Deutschland registriert, die allerdings auf Grund ihres
geringen Wirkungskreises nur selten zu größeren Schäden führen
(WEISCHET und ENDLICHER 2008: 296).

7. <u>Zusammenfassung</u>

Abschließend lässt sich sagen, dass Stürme zu den bedeutendsten
Naturgefahren der Welt zählen. 80% der zwischen 1950 und 2009 für die
Versicherer angefallenen Kosten von etwa 450 Milliarden US $ gehen auf
Sturmereignisse zurück (MUNICH RE II 2010). Hierbei soll nochmal
besonders herausgestellt werden, dass der Mensch durch die Besiedlung
von gefährdeten Gebieten und einem stetigen akkumulieren von Wertgütern
maßgeblich zu dieser Entwicklung beigetragen hat. Doch dank
Präventionsforschung und –maßnahmen lassen sich größere Katastrophen
meist vorhersagen und vermeiden.

8. Bibliographie

SCHNEIDER, G. (1980): Naturkatastrophen. Ferdinand Enke Verlag, Stuttgart.

WEISCHET, W. und **ENDLICHER, W.** (2008): Einführung in die Allgemeine Klimatologie. Gebrüder Bornträger Verlagsbuchhandlung Berlin. Stuttgart.

Endlicher, W. (2007): Atmosphärische Gefahren. In: Geographie. Spektrum Akademischer Verlag. Heidelberg.

SCHELLMANN, G. (2007): Geologische Grundlagen. In: Geographie. Spektrum Akademischer Verlag. Heidelberg.

DIKAU, R. und **WEICHSELGARTNER, J.** (2005): Der unruhige Planet. Wissenschaftliche Buchgesellschaft. Darmstadt.

GEIPEL, R. (1992): Naturrisiken: Katastrophenbewältigung im sozialen Umfeld. Wissenschaftliche Buchgesellschaft. Darmstadt.

ODENTHAL, J. (2002): Der Sturm „Lothar". In: Orkan Lothar: Katastrophe für die naturgemäße Waldwirtschaft? Oder: Über den Umgang mit Störungen im Nordschwarzwald. Seiten 27-31. Forstliche Versuchs- und Forschungsanstalt Baden-Württemberg. Freiburg.

FELGENTREFF, C. (2003): Raumplanung in der Naturgefahren- und Risikoforschung. Institut für Geographie der Universität Potsdam. Potsdam.

BERZ, G. (2002): Naturkatastrophen im 21. Jahrhundert. In: Geographische Rundschau. Band 54,Heft 1, Seiten 9 – 13, Westermann, Braunschweig.

MARKAU, H.-J. (2003): Risikobetrachtung von Naturgefahren. Christian-Albrecht-Universität zu Kiel. Kiel.

ROTH, R. et al. (1993): Sturm und Starkniederschlag. In: Naturkatastrophen und Katastrophenvorbeugung. Seiten 513 – 522, Wiley-VCH, Weinheim.

ROSENHAGEN, G. (2008): Extreme Sturmfluten an den deutschen Küsten. In. Klimastatusbericht 2007.
http://www.dwd.de/bvbw/appmanager/bvbw/dwdwwwDesktop/?_nfpb=true&_pa geLabel=dwdwww_klima_umwelt&T34200540811665205061 40gsbDocumentPa th=Navigation%2FOeffentlichkeit%2FKlima__Umwelt%2FKlimaberichte%2FKlim astatusbericht%2Feinzelne__berichte%2Fksb2007__node.html%3F__nnn%3Dtr ue
(Letzter Zugriff am 15.11.2010)

DWD I. (2000): Bewertung der Orkanwetterlage am 26.12.1999 aus klimatologischer Sicht.
http://www.dwd.de/bvbw/generator/DWDWWW/Content/Oeffentlichkeit/KU/KU2/KU23/besondere__ereignisse__deutschland/stuerme/orkan__lothar,templ19
ateId=raw,property=publicationFile.pdf/orkan_lothar.pdf
(Letzter Zugriff am 15.11.2010)

DWD II. (2000): Klimatologische Bewertung der jüngsten Starkwindereignisse (ANATOL und LOTHAR) aus der Sicht der Klimatologie der freien Atmosphäre.
http://www.dwd.de/bvbw/generator/DWDWWW/Content/Oeffentlichkeit/KU/KU2/KU23/besondere__ereignisse__deutschland/stuerme/bewertung__lothar-anatol,templateId=raw,property=publicationFile.pdf/bewertung_lothar-anatol.pdf
(Letzter Zugriff am 15.11.2010)

DWD III. (2010): Wenn Wetter zu Unwetter wird.
http://www.dwd.de/bvbw/appmanager/bvbw/dwdwwwDesktop?_nfpb=true&_pageLabel=dwdwww_result_page&portletMasterPortlet_i1gsbDocumentPath=Navigation%2FKatastrophenschutz%2FWarnmanagment%2FUnwetterEinleitung__node.html%3F__nnn%3Dtrue
(Letzter Zugriff am 15.11.2010)

MÜLLER, E. et al. (2009): Orkan Lothar - 10 Jahre danach.
http://www.meteoschweiz.admin.ch/web/de/wetter/wetterereignisse/orkan_lothar_-_10.html
(Letzter Zugriff am 15.10.2010)

ARD. (2010): Gefahr für Flugzeuge und Klima
http://www.tagesschau.de/inland/vulkanasche100.html
(Letzter Zugriff am 15.10.2010)

BEZIRKSFEUERWEHRVERBAND OBERBAYERN. Richtiges Verhalten in Wald und Flur
http://www.bezirksfeuerwehrverband-oberbayern.de/buergerinfo/Brandschutztips_Waldbrand.htm
(Letzter Zugriff am 15.10.2010)

BAYERISCHE FORSTVERWALTUNG. (2000): Sturm Lothar: Schadensbilanz nach Orkan „Lothar".
http://www.forst.bayern.de/gefahren-fuer-den-wald/weitere-themen/27397/index.php
(Letzter Zugriff am 15.10.2010)

FORST BW. (2009): Der Orkan Lothar (26.12.1999): Zehn Jahre danach.
http://www.forstbw.de/fileadmin/forstbw_pdf/waldschutz/Praesentation_Lothar_3.pdf
(Letzter Zugriff am 15.10.2010)

MUNICH RE I. (2009): Weltkarte der Naturgefahren.
http://www.munichre.com/publications/302-05971_de.pdf
(Letzter Zugriff am 15.10.2010)

MUNICH RE II. (2010): Sturm – eine weltweit bedeutende Elementargefahr.
http://www.munichre.com/touch/naturalhazards/de/overview/meteorological_haz
ards/storm/default.aspx
(Letzter Zugriff am 15.10.2010)

MUNICH RE III. (2010): Präventionen
http://www.munichre.com/touch/naturalhazards/de/overview/meteorological_haz
ards/storm/prevention.aspx
(Letzter Zugriff am 15.10.2010)

MUNICH RE IV. (2010): Bedeutende Naturkatastrophen 1980-Juni 2010
http://www.munichre.com/app_pages/www/@res/pdf/natcatservice/significant_n
atural_catastrophes/significant_earthquakes_insured_losses_july2010_touch_d
e.pdf
(Letzter Zugriff am 15.10.2010)

SPIEGEL.
http://einestages.spiegel.de/static/entry/_der_ausdruck_held_ist_abwegig/1349/
hilfe_fuer_flutopfer.html?o=position-ASCENDING&s=3&r=1&a=320&c=1
(Letzter Zugriff 15.11.2010)

Enzyclopaedia Britannica (2010): CD-Rom.